Horario

_____ a _____

horarias	lunes	martes	miércoles	jueves	viernes

Horario

_____ a _____

horarias	lunes	martes	miércoles	jueves	viernes

Septiembre

Semana 40						30.09.19 - 06.10.19

○ 30. lunes

○ 1. martes

○ 2. miércoles

Septiembre

Semana 40   30.09.19 - 06.10.19

○ 3. jueves

○ 4. viernes

○ 5. sábado / 6. domingo

Octubre

Semana 41 07.10.19 - 13.10.19

○ 7. lunes

○ 8. martes

○ 9. miércoles

Octubre

Semana 41 07.10.19 - 13.10.19

○ 10. jueves

○ 11. viernes

○ 12. sábado / 13. domingo

Octubre

Semana 42 	14.10.19 - 20.10.19

○ 14. lunes

○ 15. martes

○ 16. miércoles

Octubre

Semana 42 　　　　　　　　　　　　　　　　14.10.19 - 20.10.19

○ 17. jueves

○ 18. viernes

○ 19. sábado / 20. domingo

Octubre

Semana 43 · 21.10.19 - 27.10.19

○ 21. lunes

○ 22. martes

○ 23. miércoles

Octubre

Semana 43   21.10.19 - 27.10.19

○ 24. jueves

○ 25. viernes

○ 26. sábado / 27. domingo

Octubre

Semana 44   28.10.19 - 03.11.19

○ 28. lunes

○ 29. martes

○ 30. miércoles

Octubre

Semana 44   28.10.19 - 03.11.19

○ 31. jueves

○ 1. viernes

○ 2. sábado / 3. domingo

Noviembre

Semana 45   04.11.19 - 10.11.19

○ 4. lunes

○ 5. martes

○ 6. miércoles

Noviembre

Semana 45 04.11.19 - 10.11.19

○ 7. jueves

○ 8. viernes

○ 9. sábado / 10. domingo

Noviembre

Semana 46   11.11.19 - 17.11.19

○ 11. lunes

○ 12. martes

○ 13. miércoles

Noviembre

Semana 46 11.11.19 - 17.11.19

○ 14. jueves

○ 15. viernes

○ 16. sábado / 17. domingo

Noviembre

Semana 47   18.11.19 - 24.11.19

○ 18. lunes

○ 19. martes

○ 20. miércoles

Noviembre

Semana 47   18.11.19 - 24.11.19

○ 21. jueves

○ 22. viernes

○ 23. sábado / 24. domingo

Noviembre

Semana 48   25.11.19 - 01.12.19

○ 25. lunes

○ 26. martes

○ 27. miércoles

Noviembre

Semana 48   25.11.19 - 01.12.19

○ 28. jueves

○ 29. viernes

○ 30. sábado / 1. domingo

Diciembre

Semana 49   02.12.19 - 08.12.19

○ 2. lunes

○ 3. martes

○ 4. miércoles

Diciembre

Semana 49 · 02.12.19 - 08.12.19

○ 5. jueves

○ 6. viernes

○ 7. sábado / 8. domingo

Diciembre

Semana 50 · 09.12.19 - 15.12.19

○ 9. lunes

○ 10. martes

○ 11. miércoles

Diciembre

Semana 50 09.12.19 - 15.12.19

○ 12. jueves

○ 13. viernes

○ 14. sábado / 15. domingo

Diciembre

Semana 51   16.12.19 - 22.12.19

○ 16. lunes

○ 17. martes

○ 18. miércoles

Diciembre

Semana 51 · 16.12.19 - 22.12.19

○ 19. jueves

○ 20. viernes

○ 21. sábado / 22. domingo

Diciembre

Semana 52								23.12.19 - 29.12.19

○ 23. lunes

○ 24. martes

○ 25. miércoles

Diciembre

Semana 52 23.12.19 - 29.12.19

○ 26. jueves

○ 27. viernes

○ 28. sábado / 29. domingo

Diciembre

Semana 1   30.12.19 - 05.01.20

○ 30. lunes

○ 31. martes

○ 1. miércoles

Diciembre

Semana 1   30.12.19 - 05.01.20

○ 2. jueves

○ 3. viernes

○ 4. sábado / 5. domingo

Enero

Semana 2   06.01.20 - 12.01.20

○ 6. lunes

○ 7. martes

○ 8. miércoles

Enero

Semana 2   06.01.20 - 12.01.20

○ 9. jueves

○ 10. viernes

○ 11. sábado / 12. domingo

Enero

Semana 3   13.01.20 - 19.01.20

○ 13. lunes

○ 14. martes

○ 15. miércoles

Enero

Semana 3   13.01.20 - 19.01.20

○ 16. jueves

○ 17. viernes

○ 18. sábado / 19. domingo

Enero

Semana 4   20.01.20 - 26.01.20

○ 20. lunes

○ 21. martes

○ 22. miércoles

Enero

Semana 4   20.01.20 - 26.01.20

○ 23. jueves

○ 24. viernes

○ 25. sábado / 26. domingo

Enero

Semana 5   27.01.20 - 02.02.20

○ 27. lunes

○ 28. martes

○ 29. miércoles

Enero

Semana 5 27.01.20 - 02.02.20

○ 30. jueves

○ 31. viernes

○ 1. sábado / 2. domingo

Febrero

Semana 6   03.02.20 - 09.02.20

○ 3. lunes

○ 4. martes

○ 5. miércoles

Febrero

Semana 6   03.02.20 - 09.02.20

○ 6. jueves

○ 7. viernes

○ 8. sábado / 9. domingo

Febrero

Semana 7   10.02.20 - 16.02.20

○ 10. lunes

○ 11. martes

○ 12. miércoles

Febrero

Semana 7   10.02.20 - 16.02.20

○ 13. jueves

○ 14. viernes

○ 15. sábado / 16. domingo

Febrero

Semana 8   17.02.20 - 23.02.20

○ 17. lunes

○ 18. martes

○ 19. miércoles

Febrero

Semana 8   17.02.20 - 23.02.20

○ 20. jueves

○ 21. viernes

○ 22. sábado / 23. domingo

Febrero

Semana 9 24.02.20 - 01.03.20

○ 24. lunes

○ 25. martes

○ 26. miércoles

Febrero

Semana 9   24.02.20 - 01.03.20

○ 27. jueves

○ 28. viernes

○ 29. sábado / 1. domingo

Marzo

Semana 10 02.03.20 - 08.03.20

○ 2. lunes

○ 3. martes

○ 4. miércoles

Marzo

Semana 10   02.03.20 - 08.03.20

○ 5. jueves

○ 6. viernes

○ 7. sábado / 8. domingo

Marzo

Semana 11 09.03.20 - 15.03.20

○ 9. lunes

○ 10. martes

○ 11. miércoles

Marzo

Semana 11								09.03.20 - 15.03.20

○ 12. jueves

○ 13. viernes

○ 14. sábado / 15. domingo

Marzo

Semana 12 16.03.20 - 22.03.20

○ 16. lunes

○ 17. martes

○ 18. miércoles

Marzo

Semana 12   16.03.20 - 22.03.20

○ 19. jueves

○ 20. viernes

○ 21. sábado / 22. domingo

Marzo

Semana 13 　　　　　　　　　　　　　　　　23.03.20 - 29.03.20

○ 23. lunes

○ 24. martes

○ 25. miércoles

Marzo

Semana 13   23.03.20 - 29.03.20

○ 26. jueves

○ 27. viernes

○ 28. sábado / 29. domingo

Marzo

Semana 14   30.03.20 - 05.04.20

○ 30. lunes

○ 31. martes

○ 1. miércoles

Marzo

Semana 14　　　　　　　　　　　　　　　30.03.20 - 05.04.20

○ 2. jueves

○ 3. viernes

○ 4. sábado / 5. domingo

Abril

Semana 15   06.04.20 - 12.04.20

○ 6. lunes

○ 7. martes

○ 8. miércoles

Abril

Semana 15   06.04.20 - 12.04.20

○ 9. jueves

○ 10. viernes

○ 11 sábado / 12. domingo

Abril

Semana 16   13.04.20 - 19.04.20

○ 13. lunes

○ 14. martes

○ 15. miércoles

Abril

Semana 16 13.04.20 - 19.04.20

○ 16. jueves

○ 17. viernes

◑ 18. sábado / 19. domingo

Abril

Semana 17 20.04.20 - 26.04.20

○ 20. lunes

○ 21. martes

○ 22. miércoles

Abril

Semana 17 20.04.20 - 26.04.20

○ 23. jueves

○ 24. viernes

○ 25. sábado / 26. domingo

Abril

Semana 18 27.04.20 - 03.05.20

○ 27. lunes

○ 28. martes

○ 29. miércoles

Abril

Semana 18 27.04.20 - 03.05.20

○ 30. jueves

○ 1.viernes

○ 2. sábado / 3. domingo

Mayo

Semana 19 04.05.20 - 10.05.20

○ 4. lunes

○ 5. martes

○ 6. miércoles

Mayo

Semana 19 04.05.20 - 10.05.20

○ 7. jueves

○ 8. viernes

○ 9. sábado / 10. domingo

Mayo

Semana 20 11.05.20 - 17.05.20

○ 11. lunes

○ 12. martes

○ 13. miércoles

Mayo
Semana 20 11.05.20 - 17.05.20

○ 14. jueves

○ 15. viernes

○ 16. sábado / 17. domingo

Mayo

Semana 21 · 18.05.20 - 24.05.20

○ 18. lunes

○ 19. martes

○ 20. miércoles

Mayo

Semana 21 18.05.20 - 24.05.20

○ 21. jueves

○ 22. viernes

○ 23. sábado / 24. domingo

Mayo

Semana 22   25.05.20 - 31.05.20

○ 25. lunes

○ 26. martes

○ 27. miércoles

Mayo

Semana 22 · 25.05.20 - 31.05.20

○ 28. jueves

○ 29. viernes

○ 30. sábado / 31. domingo

Junio

Semana 23   01.06.20 - 07.06.20

○ 1. lunes

○ 2. martes

○ 3. miércoles

Junio

Semana 23   01.06.20 - 07.06.20

○ 4. jueves

○ 5. viernes

○ 6. sábado / 7. domingo

Junio

Semana 24   08.06.20 - 14.06.20

○ 8. lunes

○ 9. martes

○ 10. miércoles

Junio

Semana 24   08.06.20 - 14.06.20

○ 11. jueves

○ 12. viernes

○ 13. sábado / 14. domingo

Junio

Semana 25

15.06.20 - 21.06.20

○ 15. lunes

○ 16. martes

○ 17. miércoles

Junio

Semana 25 15.06.20 - 21.06.20

○ 18. jueves

○ 19. viernes

○ 20. sábado / 21. domingo

Junio

Semana 26   22.06.20 - 28.06.20

○ 22. lunes

○ 23. martes

○ 24. miércoles

Junio

Semana 26   22.06.20 - 28.06.20

○ 25. jueves

○ 26. viernes

○ 27. sábado / 28. domingo

Junio

Semana 27   29.06.20 - 05.07.20

○ 29. lunes

○ 30. martes

○ 1. miércoles

Junio

Semana 27   29.06.20 - 05.07.20

○ 2. jueves

○ 3. viernes

○ 4. sábado / 5. domingo

Julio

Semana 28   06.07.20 - 12.07.20

○ 6. lunes

○ 7. martes

○ 8. miércoles

Julio

Semana 28   06.07.20 - 12.07.20

○ 9. jueves

○ 10. viernes

○ 11. sábado / 12. domingo

Julio

Semana 29 · 13.07.20 - 19.07.20

○ 13. lunes

○ 14. martes

○ 15. miércoles

Julio

Semana 29   13.07.20 - 19.07.20

○ 16. jueves

○ 17. viernes

○ 18. sábado / 19. domingo

Julio

Semana 30   20.07.20 - 26.07.20

○ 20. lunes

○ 21. martes

○ 22. miércoles

Julio

Semana 30   20.07.20 - 26.07.20

○ 23. jueves

○ 24. viernes

○ 25. sábado / 26. domingo

Julio

Semana 31   27.07.20 - 02.08.20

○ 27. lunes

○ 28. martes

○ 29. miércoles

Julio

Semana 31   27.07.20 - 02.08.20

○ 30. jueves

○ 31. viernes

○ 1. sábado / 2. domingo

Agosto

Semana 32 03.08.20 - 09.08.20

○ 3. lunes

○ 4. martes

○ 5. miércoles

Agosto

Semana 32   03.08.20 - 09.08.20

○ 6. jueves

○ 7. viernes

○ 8. sábado / 9. domingo

Agosto

Semana 33   10.08.20 - 16.08.20

○ 10. lunes

○ 11. martes

○ 12. miércoles

Agosto

Semana 33   10.08.20 - 16.08.20

○ 13. jueves

○ 14. viernes

○ 15. sábado / 16. domingo

Agosto

Semana 34   17.08.20 - 23.08.20

○ 17. lunes

○ 18. martes

○ 19. miércoles

Agosto

Semana 34   17.08.20 - 23.08.20

○ 20. jueves

○ 21. viernes

○ 22. sábado / 23. domingo

Agosto

Semana 35   24.08.20 - 30.08.20

○ 24. lunes

○ 25. martes

○ 26. miércoles

Agosto

Semana 35 24.08.20 - 30.08.20

○ 27. jueves

○ 28. viernes

○ 29. sábado / 30. domingo

Agosto

Semana 36   31.08.20 - 06.09.20

○ 31. lunes

○ 1. martes

○ 2. miércoles

Agosto

Semana 36　　　　　　　　　　　　　　　31.08.20 - 06.09.20

○ 3. jueves

○ 4. viernes

○ 5. sábado / 6. domingo

Septiembre

Semana 37   07.09.20 - 13.09.20

○ 7. lunes

○ 8. martes

○ 9. miércoles

Septiembre

Semana 37   07.09.20 - 13.09.20

○ 10. jueves

○ 11. viernes

○ 12. sábado / 13. domingo

Septiembre

Semana 38   14.09.20 - 20.09.20

○ 14. lunes

○ 15. martes

○ 16. miércoles

Septiembre

Semana 38 14.09.20 - 20.09.20

○ 17. jueves

○ 18. viernes

○ 19. sábado / 20. domingo

Septiembre

Semana 39   21.09.20 - 27.09.20

○ 21. lunes

○ 22. martes

○ 23. miércoles

Septiembre

Semana 39   21.09.20 - 27.09.20

○ 24. jueves

○ 25. viernes

○ 26. sábado / 27. domingo

Septiembre

Semana 40   28.09.20 - 04.10.20

○ 28. lunes

○ 29. martes

○ 30. miércoles

Septiembre

Semana 40 28.09.20 - 04.10.20

○ 1. jueves

○ 2. viernes

○ 3. sábado / 4. domingo

No.	nombre	Apellido	Aniversario	notar
No.	nombre	Apellido	Aniversario	notar

No.	nombre	Apellido	Aniversario	notar
No.	nombre	Apellido	Aniversario	notar

No.	nombre	Apellido	Aniversario	notar
No.	nombre	Apellido	Aniversario	notar

No.	nombre	Apellido	Aniversario	notar
No.	nombre	Apellido	Aniversario	notar

No.	nombre	Apellido	Aniversario	notar
No.	nombre	Apellido	Aniversario	notar

No.	nombre	Apellido	Aniversario	notar
No.	nombre	Apellido	Aniversario	notar

1																
2																
3																
4																
5																
6																
7																
8																
9																
10																
11																
12																
13																
14																
15																
16																
17																
18																
19																
20																
21																
22																
23																
24																
25																
26																
27																
28																
29																
30																
31																
32																
33																
34																
35																
36																

																1
																2
																3
																4
																5
																6
																7
																8
																9
																10
																11
																12
																13
																14
																15
																16
																17
																18
																19
																20
																21
																22
																23
																24
																25
																26
																27
																28
																29
																30
																31
																32
																33
																34
																35
																36

1																	
2																	
3																	
4																	
5																	
6																	
7																	
8																	
9																	
10																	
11																	
12																	
13																	
14																	
15																	
16																	
17																	
18																	
19																	
20																	
21																	
22																	
23																	
24																	
25																	
26																	
27																	
28																	
29																	
30																	
31																	
32																	
33																	
34																	
35																	
36																	

																1
																2
																3
																4
																5
																6
																7
																8
																9
																10
																11
																12
																13
																14
																15
																16
																17
																18
																19
																20
																21
																22
																23
																24
																25
																26
																27
																28
																29
																30
																31
																32
																33
																34
																35
																36

	1	2	3	4	5	6	7	8	9	10	11	12	13	14	15	16
1																
2																
3																
4																
5																
6																
7																
8																
9																
10																
11																
12																
13																
14																
15																
16																
17																
18																
19																
20																
21																
22																
23																
24																
25																
26																
27																
28																
29																
30																
31																
32																
33																
34																
35																
36																

																1
																2
																3
																4
																5
																6
																7
																8
																9
																10
																11
																12
																13
																14
																15
																16
																17
																18
																19
																20
																21
																22
																23
																24
																25
																26
																27
																28
																29
																30
																31
																32
																33
																34
																35
																36

1																
2																
3																
4																
5																
6																
7																
8																
9																
10																
11																
12																
13																
14																
15																
16																
17																
18																
19																
20																
21																
22																
23																
24																
25																
26																
27																
28																
29																
30																
31																
32																
33																
34																
35																
36																

																1
																2
																3
																4
																5
																6
																7
																8
																9
																10
																11
																12
																13
																14
																15
																16
																17
																18
																19
																20
																21
																22
																23
																24
																25
																26
																27
																28
																29
																30
																31
																32
																33
																34
																35
																36

www.ingramcontent.com/pod-product-compliance
Lightning Source LLC
Chambersburg PA
CBHW081417220526
45466CB00014B/2349